Lernprogramm zur Stoffvermittlung und Wiederholung

Periodensystem der Elemente

Von Günter Richter

8., durchgesehene Auflage

VEB Deutscher Verlag für Grundstoffindustrie
Leipzig

Programmiertes Lehrmaterial für das Ingenieurstudium

Autor:
Studiendirektor Dipl.-Chem. Günter Richter,
Institut für Fachschulwesen der DDR, Karl-Marx-Stadt

Dieses Lehrmaterial wurde in Zusammenarbeit
mit dem Institut für Fachschulwesen der DDR
entwickelt und erprobt.

Richter, Günter:
Periodensystem der Elemente : Lernprogramm zur Stoffvermittlung u. Wiederholung /
von Günter Richter. – 8., durchges. Aufl. – Leipzig : Dt. Verl. für Grundstoffind., 1988. –
44 S.
(Programmiertes Lehrmaterial für das Ingenieurstudium)
NE: GT

ISBN 3-342-00040-6
8., durchgesehene Auflage
© VEB Deutscher Verlag für Grundstoffindustrie, Leipzig, 1971
Durchgesehene Auflage: © VEB Deutscher Verlag für Grundstoffindustrie,
Leipzig, 1988
VLN 152-915/25/88
Printed in the German Democratic Republic
Gesamtherstellung: Gutenberg Buchdruckerei und Verlagsanstalt Saalfeld,
Betrieb der VOB Aufwärts
Lektor: Brigitte Struppe
Redaktionsschluß: 25. 3. 1987
LSV 1253
Bestell-Nr.: 541 019 3
00190

Geleitwort

Besonders wichtige Aufgaben bei der Weiterentwicklung der Erziehung und Bildung sind die Erhöhung der Effektivität und die Rationalisierung des Lehr- und Lernprozesses. Dazu kann der programmierte Unterricht in erheblichem Maße beitragen.

Programmiertes Lernen ermöglicht ein individuelles Lerntempo. Je nach Kenntnisstand sind unterschiedlich schnelle Fortschritte beim Durcharbeiten des Programms möglich, und je nach Notwendigkeit werden differenzierte Lernhilfen und Hinweise gegeben. Das Lernprogramm zwingt zu ständiger Aktivität des Lernenden und ist auf die selbständige Aneignung von zeitbeständigem Grundwissen orientiert. Es erzieht zum schöpferischen Arbeiten und entwickelt die Fähigkeit zu denkendem Kenntniserwerb. Dadurch sind Lernprogramme wirksame Rationalisierungsmittel im pädagogischen Prozeß.

Dieses Lernprogramm ist für das Lehrgebiet Chemie an Ingenieur- und Fachschulen entwickelt und dient der Reaktivierung, der Vertiefung und Erweiterung des Wissens der Studierenden über das Periodensystem der Elemente. Es schließt an das Lernprogramm Atombau an.

Darüber hinaus bietet es für Lernende an Volkshochschulen, Betriebsakademien, für Werktätige der chemischen Industrie und für andere an dieser Problematik Interessierte die Möglichkeit, fundiertes, auf dem neuesten Erkenntnisstand beruhendes Wissen und Können selbständig zu erwerben.

Die durch den breiten Einsatz dieses Lernprogramms gewonnenen Erfahrungen sollen bei der Entwicklung weiterer Programme genutzt werden.

Wir bitten daher alle Lehrer, die dieses Programm einsetzen, aber auch alle Lernenden, uns ihre Erfahrungen und Meinungen mitzuteilen.

Karl-Marx-Stadt

Institut für Fachschulwesen
der Deutschen Demokratischen Republik
Oberstudiendirektor Dr. H. Roßner
Institutsdirektor

Hinweise für den Benutzer

Mit diesem Lernprogramm erhalten Sie die Möglichkeit, Ihre Kenntnisse über das Periodensystem der Elemente zu reaktivieren und sich wichtiges neues Wissen und Können zu erarbeiten.

Beim programmierten Lernen erhalten Sie Informationen, Aufgaben und Hinweise je nach Ihrem Kenntnisstand und den Schwierigkeiten, die bei der Durcharbeitung auftauchen. Wir weisen darauf hin: Arbeiten Sie diszipliniert und genau entsprechend den Anweisungen im Programm. Seien Sie vor allem ehrlich gegen sich selbst, und suchen Sie nicht Lösungen auf, bevor Sie die entsprechende Aufgabe bearbeitet haben. Ein Lernprogramm kann man nicht wie ein Buch lesen, sondern man muß mit ihm arbeiten. Gerade das ist aber ein für den Lernprozeß wesentlicher Vorgang, ohne den eine bleibende Aneignung und die Herausbildung von Fähigkeiten und Fertigkeiten nicht möglich sind. Wir wissen, daß Mitdenken und Nachdenken mühsam sind. Weichen Sie aber den Problemfragen im Lernprogramm nicht aus, sondern versuchen Sie sie zu erfassen, und beginnen Sie erst danach mit der Aufgabenlösung. Sie finden dann zu jeder Aufgabe die Lösung und entsprechend evtl. aufgetretenen Fehlern differenzierte Hinweise.

Dieses Lernprogramm setzt Vorkenntnisse über den Atombau etwa in dem Umfange voraus, wie sie im »Lernprogramm Atombau«[1] vermittelt werden. Wir empfehlen Ihnen deshalb dringend, das genannte Programm vorher durchzuarbeiten. Sie können dann nicht nur wegen der fundierten Vorkenntnisse rascher arbeiten, sondern auch, weil Ihnen die Technik des programmierten Lernens bereits vertraut ist.

Sie haben die Möglichkeit, entsprechend Ihrem Kenntnisstand einzelne Abschnitte zu überspringen. Prüfen Sie anhand der vorangestellten Inhaltsangaben, ob Sie die dort vermittelten Kenntnisse bereits besitzen, und riskieren Sie auch einmal einen »Sprung«. Haben Sie sich dabei doch überschätzt, gibt Ihnen das Lernprogramm auch dann die Möglichkeit, Ihre Lücken noch zu schließen.

Viel Freude und Erfolg beim Durcharbeiten des Lernprogramms Periodensystem!

---

[1] *Richter, G.:* Lernprogramm zur Stoffvermittlung – Atombau, VEB Deutscher Verlag für Grundstoffindustrie, Leipzig 1986

Zeichenerklärung

Es bedeuten:

| I | Informationen, neuer Stoff. |

| A | Aufgaben, Übungen, Fragen. Die Felder für Antworten sind mit den Lösungsfeldern übereinstimmend numeriert. |

| H | Hinweise bei Fehlern. |

| Z | Zusatzinformationen, um das Verständnis schwieriger Stellen zu erleichtern. |

→ | 8 | Die Seitenzahl, auf der es weitergeht, also z. B. Seite 8.

Inhalt

1. **Das Periodensystem der Elemente** 8

   1.1. **Aufbauprinzip** 8
   - I 1   Periodengesetz 8
   - I 2   Langperiodendarstellung 10

   1.2. **Periodensystem und Atombau** 15
   - I 3   Relative Atommasse und Nukleonenzahl 15
   - I 4   PSE und Bau der Elektronenhülle 16
   - I 5   PSE und Atomradien 19

   1.3. **Gesetzmäßigkeiten im Periodensystem** 22
   - I 6   Elektropositiver und elektronegativer Charakter 22
   - I 7   Die Stellung elektropositiver und elektronegativer Elemente ... 24
   - I 8   Metall- und Nichtmetallcharakter 28
   - I 9   Stöchiometrische Wertigkeit 30
   - I 10 Nebengruppenelemente 35
   - I 11 Zufall und Notwendigkeit von Entdeckungen 37

Sachwörterverzeichnis 39

Anhang: Zusammenfassung und Lernwegschema 41

Programminhalt Abschnitt 1.1.

Dieser erste Programmabschnitt dient der Auffrischung Ihres Wissens aus der polytechnischen Oberschule über Entstehung und Aufbau des Periodensystems. Um Ihnen die Entscheidung zu ermöglichen, ob Sie diesen Abschnitt durcharbeiten müssen oder überspringen können, beantworten Sie zunächst die folgenden Kontrollfragen.
Benutzen Sie dazu ein gesondertes Blatt, das nach Abarbeitung des Programms Bestandteil Ihrer Nachschrift werden soll!

1. Das Periodensystem wurde von zwei Forschern gleichzeitig und unabhängig voneinander aufgestellt. Wann ungefähr war das, und wie heißen diese Forscher?
2. Welche Gesetzmäßigkeit des Atombaus bestimmt die Reihenfolge der Elemente im Periodensystem?
3. Wie werden die waagerechten Zeilen und die senkrechten Spalten im Periodensystem bezeichnet?
4. Haupt- und Nebengruppenelemente sind durch ihre besondere tabellarische Anordnung im Periodensystem zu unterscheiden. Wie sind in der sogenannten Langperiodendarstellung die Nebengruppenelemente angeordnet?

Vergleichen Sie Ihre Antworten jetzt mit den Lösungen auf Seite 13! Konnten Sie die Fragen nicht beantworten, so beginnen Sie mit der Abarbeitung des Programms bei I 1 auf Seite 8.

Das Periodensystem der Elemente (PSE)

1.1. Aufbauprinzip

I 1 Wir kennen heute 106 Elemente. 18 davon sind in den letzten drei Jahrzehnten durch Kernumwandlung künstlich erzeugt worden. Vor 100 Jahren, als das PSE aufgestellt wurde, waren etwa 70 Elemente bekannt.

Mit dem raschen Wachstum der Produktivkräfte zu Beginn des 19. Jahrhunderts setzte auch eine stürmische Entwicklung der Naturwissenschaften ein. Eine zunehmende Anzahl chemischer Elemente wurde entdeckt. Damit entstand immer stärker das Bedürfnis nach einer übersichtlichen, systematischen Ordnung.

Im Jahre 1869 gelang es dem russischen Chemiker *Dimitri Iwanowitsch Mendelejew* und dem deutschen Chemiker *Lothar Meyer* – unabhängig voneinander – auf der *Grundlage der relativen Atommasse ein Ordnungssystem der Elemente zu finden.*

Bild 1. D. I. Mendelejew

Aus dem Lernprogramm »Atombau« wissen Sie, daß das *ordnende Prinzip die Kernladungszahl* ist. Die Kernladungszahlen waren damals noch nicht bekannt, aber die relativen Atommassen der Elemente konnte man bestimmen. Trotzdem gelang die Aufstellung eines auch in den Einzelheiten relativ vollkommenen Ordnungssystems, weil steigende Kernladung auch zunehmende relative Atommasse bedingt. *Mendelejew* besitzt von beiden

Forschern das größere wissenschaftliche Verdienst, weil er wesentlich weitgehendere Schlußfolgerungen – u. a. die Voraussage der Eigenschaften noch unbekannter Elemente – aus dieser Entdeckung ableitete.

Das Gesetz, das dem Periodensystem zugrunde liegt, lautet in moderner Formulierung:

> **Die nach den Kernladungszahlen geordneten Elemente zeigen eine deutliche Periodizität ihrer Eigenschaften**

A 1 Nehmen Sie ein Periodensystem zur Hand, und suchen Sie – ohne Berücksichtigung der Lanthanoide und Actinoide – diejenigen Elemente heraus, bei denen das ursprüngliche Ordnungsprinzip (steigende relative Atommasse) durchbrochen ist! Bei drei Elementpaaren muß das Element mit der größeren relativen Atommasse vor das Element mit der kleineren relativen Atommasse eingeordnet werden.

a) Tragen Sie die Elementpaare mit ihren Symbolen und relativen Atommassen in das Schema ein!

b) Geben Sie an, warum die Anordnung falsch wird, wenn man diese Elemente nach steigender relativer Atommasse anordnet!

→ 12

I 2 Es gibt mehrere Möglichkeiten, um die Elemente dem Periodengesetz entsprechend — steigende Kernladung von links nach rechts, chemisch ähnliche Elemente mit gleicher Anzahl Außenelektronen in senkrechten Gruppen — schematisch zu ordnen. Die beiden heute am meisten benutzten Formen sind die *Lang-* und die *Kurzperiodendarstellung*. Sie unterscheiden sich vor allem durch die Art und Weise, wie die Nebengruppenelemente in das System eingefügt werden. Das *Langperiodensystem* spiegelt die Reihenfolge des Einbaus der Elektronen in die verschiedenen Energieniveaus deutlicher wider als das Kurzperiodensystem. Wir orientieren uns deshalb auf diese Darstellung (Seite 44). Die folgende Übersicht wird Ihnen das Arbeiten mit dem Langperiodensystem erleichtern.

Wie werden die Hauptgruppen genannt?
Welches sind Hauptgruppenelemente?
Welches sind Nebengruppenelemente?
Welche Elemente gehören in die Gruppe der Lanthanoide und Actinoide?
Aus welchem Grunde sind die Nebengruppenelemente gerade an diesen Stellen eingeschoben?

→ **11**

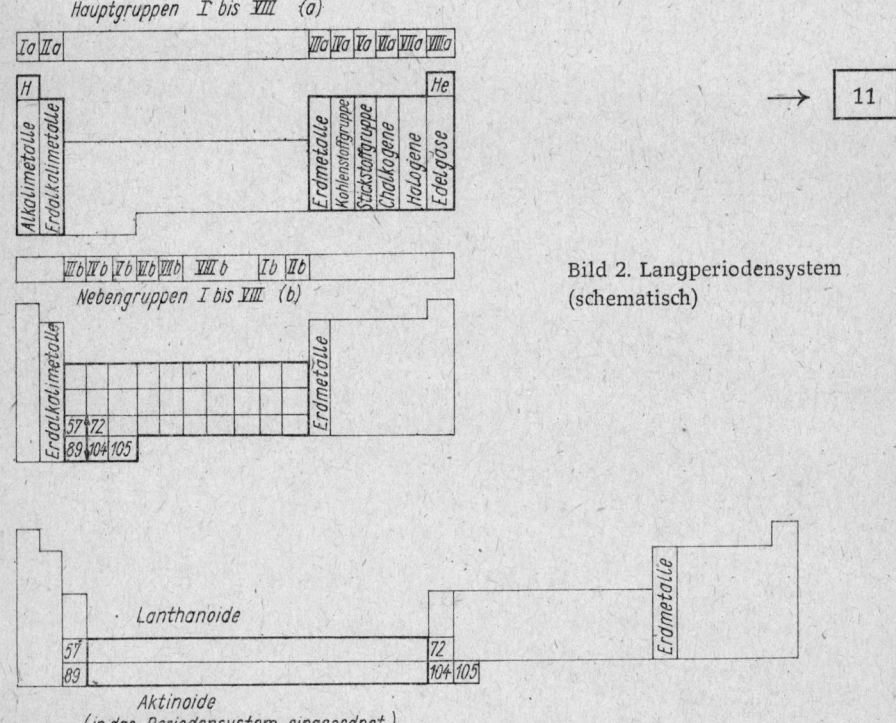

Bild 2. Langperiodensystem (schematisch)

Nehmen Sie ein Langperiodensystem zur Hand, und vergleichen Sie mit nebenstehenden Skizzen!

A 2 Beantworten Sie jetzt, falls das bisher noch nicht geschehen ist, die Fragen zu Abschnitt 1.1., Seite 7! Der folgende Text erleichtert Ihnen nun die Zusammenfassung des Inhaltes von I 1 und I 2 und hilft Ihnen, sich an einige bekannte Fakten aus dem »Atombau« zu erinnern. Setzen Sie die Lückenwörter ein!

Im PSE sind die Elemente nach .... der Kern ....

.... geordnet. Die Hauptgruppen haben folgende Gruppennamen:

I. ....   V. ....
II. ....   VI. ....
III. ....   VII. ....
IV. ....   VIII. ....

Die Elemente der I., II., III. bzw. VIII. Hauptgruppe haben ...., ..., ... bzw. .... Außenelektronen. Bei Hauptgruppenelementen werden innerhalb der 1., 2., 3. Periode (usw.) die Elektronen in das ...., ..., ... Hauptenergieniveau (usw.) eingebaut.

→ 13

Mitte

Lösung					A 1
a)	Ar	39,948		K	39,098
	Co	58,933		Ni	58,69
	Te	127,60		I	126,90
b)	Bei Ordnung nach steigender relativer Atommasse käme Kalium in die Gruppe der Edelgase und Argon in die I. Hauptgruppe zu den Elementen mit 1 Außenelektron. Iod käme in die gleiche Gruppe wie Sauerstoff, also zu den Elementen mit 6 Außenelektronen, und Tellur in die Halogengruppe. Bei Cobalt und Nickel ist die Notwendigkeit der Umstellung von den chemischen Eigenschaften und der Anzahl der Außenelektronen her nicht so deutlich.				

Richtig?
Fehler? ⟶ 10

H 1 Bitte erinnern Sie sich:

In den Hauptgruppen stehen Elemente mit gleicher Anzahl von Außenelektronen untereinander. Erhöhung der Kernladung um 1 bedeutet aber bei Hauptgruppenelementen stets Einbau eines neuen Außenelektrons, folglich:

$_{19}$K hat 1 Außenelektron mehr als $_{18}$Ar,
$_{53}$I hat 1 Außenelektron mehr als $_{52}$Te.

Kalium bzw. Iod müssen also im Periodensystem nach Ar bzw. Te eingeordnet werden und stehen dann auch hinsichtlich ihrer Außenelektronen in der richtigen Gruppe.
Bei Nebengruppenelementen wird das neu hinzukommende Elektron als d-Elektron in die vorletzte Schale eingebaut. Deshalb bestehen zwischen $_{28}$Ni und $_{27}$Co mit jeweils 2 Außenelektronen keine so großen Unterschiede, daß allein auf Grund ihres chemischen Verhaltens – wie bei den Hauptgruppenelementen – die richtige Reihenfolge festgelegt werden könnte.

Antworten zu den Kontrollfragen des Abschnittes 1.1.

Zu 1.: Das Periodensystem wurde 1869 (um 1870, im zweiten Drittel des 19. Jahrhunderts) von dem russischen Forscher *Mendelejew* und von dem deutschen Forscher *Meyer* unabhängig voneinander aufgestellt.

Zu 2.: Die Elemente sind nach steigenden Kernladungszahlen geordnet. (Wenn Sie »steigende Elektronenzahlen« geschrieben haben, so ist das insofern richtig, weil steigende Kernladung im neutralen Atom auch eine steigende Elektronenzahl bedingt.)

Zu 3.: Zeilen: Perioden; Spalten: Gruppen (Haupt- und Nebengruppen)

Zu 4.: Die Nebengruppenelemente sind zwischen die Elemente der II. und III. Hauptgruppe (als gesonderter Block von je 10 Elementen) eingeschoben.

Haben Sie diese Fragen sinngemäß so beantwortet, dann lösen Sie A 2 auf Seite 11.
Bei Fehlern beginnen Sie bei I 1 auf S. 8

Lösung		A 2
Die in die Lücken einzusetzenden Wörter heißen der Reihe nach:		
steigender Kernladungszahl		
I. Alkalimetalle II. Erdalkalimetalle III. Erdmetalle IV. Kohlenstoffgruppe	V. Stickstoffgruppe VI. Chalkogene VII. Halogene VIII. Edelgase	
1, 2, 3 bzw. 8	1., 2., 3.	

Richtig? → 14

Fehler? ↓

  Der Zusammenhang zwischen Elektronenverteilung im Atom und Platz des Elementes im PSE wurde im Lernprogramm »Atombau« in den Informationen I 14 bis I 16 ausführlich erläutert. Informieren Sie sich dort oder im Lehrbuch! Nach Berichtigung Ihrer Fehler weiter wie oben angegeben!

Programminhalt Abschnitt 1.2.

Dieser Programmabschnitt dient hauptsächlich der Auffrischung von Wissen und Können über die Zusammenhänge zwischen dem Bau der Atome und ihrer Stellung im Periodensystem. Ihre Entscheidung, ob Sie diesen Abschnitt durcharbeiten müssen oder überspringen können, ergibt sich aus der Beantwortung der folgenden Fragen. Benutzen Sie dazu ein gesondertes Blatt, das dann Bestandteil Ihrer Nachschrift werden kann!

1. Welcher Zusammenhang besteht zwischen der Ordnungszahl der Elemente im Periodensystem, der Kernladungszahl und der Anzahl der Elektronen im Atom?
2. Was versteht man unter der Massenzahl A?
3. Welcher Zusammenhang besteht zwischen Massenzahl und relativer Atommasse? (Massenwert beachten!)
4. Welche Gesetzmäßigkeit besteht für die Hauptgruppenelemente zwischen der Gruppennummer und der Anzahl der Außenelektronen?
5. Welche Aussage hinsichtlich der Elektronenbesetzung ergibt sich für die Außenelektronen und für die zuletzt eingebauten Elektronen, wenn ein Element in einer Nebengruppe steht (ohne Berücksichtigung von Lanthanoiden und Actinoiden)?
6. Aus welchem Grund stehen in einer Periode (mit Ausnahme der 1. Periode) jeweils 8 Hauptgruppenelemente bzw. jeweils 10 Nebengruppenelemente hintereinander?
7. Warum enthält die Gruppe der Lanthanoide (und Actinoide) 14 Elemente?

Diese Fragen werden im Abschnitt 1.2. behandelt. Wenn Sie die Antworten schon jetzt wissen, dann können Sie zwei Lernschritte überspringen und sofort auf Seite 21 Ihre Antworten vergleichen. Andernfalls arbeiten Sie weiter wie unten angegeben!

→  15

1.2. Periodensystem und Atombau

I 3 Zunächst wollen wir nochmals – als Wiederholung von Wissen, das Sie sich bereits mit dem Programm »Atombau« angeeignet haben – den Zusammenhang zwischen Periodensystem, relativer Atommasse, Massenzahl und Anzahl der Nukleonen im Atomkern deutlich machen:

Kernladungszahl = Anzahl der Protonen

Massenzahl	Ordnungszahl	**Massenwert**
Anzahl der Nukleonen im Atomkern	↓	Relative Masse eines bestimmten Isotops
	16	
Bei Reinelementen: Massenzahl gleich gerundete (ganzzahlige) relative Atommasse	**S**	Bei Reinelementen: Massenwert gleich relative Atommasse, sonst nicht aus PSE ablesbar
	32,064	
	↑	
	Relative Atommasse	

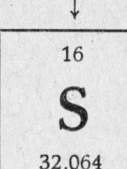

Durchschnittliche relative Masse der Atome im natürlich vorkommenden Mischungsverhältnis der Isotope

---

A 3 Das Element mit der Kernladungszahl 17 besteht in seiner natürlichen Zusammensetzung aus zwei Isotopen, und zwar aus 75 % Atomen der Massenzahl 35 und 25 % Atomen der Massenzahl 37.

a) Um welches Element handelt es sich?
b) Wieviel Protonen und Neutronen enthalten die Kerne der beiden Isotope?
c) Berechnen Sie die relative *Durchschnittsmasse* (relative Atommasse) des Elementes, und vergleichen Sie diese mit der Angabe im Periodensystem!

	p	n
a)		
b)		
c)		

Wenn Sie c) nicht lösen können, so lesen Sie Z 3, S. 17, sonst → **18**

| I 4 | Wir wollen uns nochmals den gesetzmäßigen Zusammenhang zwischen dem Aufbau der Elektronenhülle eines Atoms und seiner Stellung im Periodensystem vergegenwärtigen.

1. Die *Elektronenzahl* ist gleich der *Kernladungszahl*.

2. Das jeweils höchste Energieniveau kann mit maximal 8 Elektronen besetzt sein. Diese *Außenelektronen* bestimmen die Wertigkeit und das chemische Verhalten weitgehend und werden deshalb auch *Valenzelektronen* genannt. In den Hauptgruppen des Periodensystems stehen chemisch ähnliche Elemente untereinander. Die Ähnlichkeit der Elemente ist durch die gleiche Anzahl von Außenelektronen in den Atomen bedingt. Den 8 Hauptgruppen entsprechen 8 maximal mögliche Außenelektronen.

3. Die durch arabische Ziffern angegebene *Nummer der Periode* ist identisch mit der *Anzahl der Hauptenergieniveaus*.

4. Die Elektronen werden so in die Atomhülle eingebaut, daß *der Reihe nach jeweils das niedrigste Energieniveau voll besetzt wird* (vgl. Energieniveauschema im Lernprogramm »Atombau«). Da z. B. die zehn d-Elektronen der Hauptquantenzahl 3 energiereicher sind als die zwei s-Elektronen der Hauptquantenzahl 4, erfolgt ihr Einbau in die Atomhülle erst nach Besetzung des 4s-Niveaus. Die zehn Elemente, bei denen das 3d-Niveau besetzt wird, finden sich folglich in der 4. Periode, die Elemente, bei denen das 4d-Niveau besetzt wird, in der 5. Periode usw. Es sind die Elemente der Nebengruppe 1 bis 8. Sie haben alle 2 Außenelektronen ($4s^2$, $5s^2$ usw.).

5. Aus den gleichen, unter 4. genannten Gründen werden bei den Lanthanoiden und Actinoiden vierzehn f-Elektronen in das drittletzte Energieniveau eingebaut.

→  17

A 4 a) Beantworten Sie jetzt die Fragen 1 bis 7 auf Seite 14, ergänzen Sie Ihre Antworten!

b) Kennzeichnen Sie in der folgenden Tabelle jeweils die Besetzung des Energieniveaus, in das das neu hinzukommende Elektron eingebaut wurde!
(Siehe bereits eingetragene Beispiele!)

K $4s^1$	Ca $4s^2$	Sc $3d^1$	Ti	V	Cr	Mn	Fe	Co	Ni	Cu	Zn	Ga	Ge	As	Se	Br $4p^5$	Kr
Rb	Sr	Y	Zr	Nb	Mo	Tc	Ru	Rh	Pd	Ag	Cd	In	Sn	Sb	Te	I	Xe

→ 19
Mitte

Z 3 Überlegen Sie:

Die Atome der Massenzahl 35 bilden, für sich betrachtet, ein Reinelement, ebenso die Atome der Massenzahl 37. Welcher Zusammenhang besteht bei Reinelementen zwischen Massenzahl und relativer Atommasse?
Und nun: Von z. B. 100 Atomen haben 75 Atome die Massenzahl 35, 25 Atome die Massenzahl 37. Welche durchschnittliche relative Masse hat dann das Gemisch?

→ 15

Lösung			A 3
a)	Chlor		
b)		p	n
		17	18
		17	20
c)	relative Atommasse = 35,5		

x) Die Differenz 35,5 zu 35,453 ergibt sich deshalb, weil des leichteren Rechnens wegen für das natürliche Isotopenmischungsverhältnis gerundete Zahlen verwendet wurden. (Vgl. Programm »Atombau«!)

Richtig? → 16

Fehler? ↓

H 3 a) Die Kernladungszahl kennzeichnet das Element eindeutig.
Elemente bestehen aus Atomen mit gleicher Kernladungszahl!

b) Überlegen Sie: Welche Kennzahl gibt die Anzahl der Kernteilchen an? Wie wird die Neutronenzahl ermittelt?

c) 75 % : 25 % entspricht einem Teilchenverhältnis von 3 : 1. Sie müssen also zur Berechnung der relativen Durchschnittsmasse 3 · 35 + 1 · 37 durch 4 dividieren.

Berichtigen Sie Ihre Fehler, und gehen Sie wie oben angegeben weiter!

| I 5 | Die Anzahl der Elektronen in den einzelnen Energieniveaus beeinflußt die Größe der Atome. Grundsätzlich gilt: Je mehr Energieniveaus besetzt sind, um so größer wird der Atomdurchmesser. Wenn sich die Zahl der Außenelektronen im gleichen Energieniveau erhöht, so nimmt der Atomdurchmesser zunächst bis zu einem gewissen Grenzwert ab und dann wieder zu. Letzteres hängt mit den Kraftwirkungen zwischen Kern und Elektronenhülle zusammen und kann in diesem Zusammenhang nicht näher erläutert werden.

Es ist üblich, zur Charakterisierung der Größe des Atoms den Atomradius anzugeben. Er beeinflußt, wie Sie noch sehen werden, das chemische Verhalten ebenfalls in gewissem Maße.

$\longrightarrow$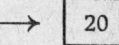

Lösung																A 4
K $4s^1$	Ca $4s^2$	Sc $3d^1$	Ti $3d^2$	V $3d^3$	Mn $3d^4$	Cr $3d^5$	Fe $3d^6$	Co $3d^7$	Ni $3d^8$	Cu $3d^9$	Zn $3d^{10}$	Ga $4p^1$	Ge $4p^2$	As $4p^3$	Se $4p^4$	Br $4p^5$	Kr $4p^6$
Rb $5s^1$	Sr $5s^2$	Y $4d^1$	Zr $4d^2$	Nb $4d^3$	Mo $4d^4$	Tc $4d^5$	Ru $4d^6$	Rh $4d^7$	Pd $4d^8$	Ag $4d^9$	Cd $4d^{10}$	In $5p^1$	Sn $5p^2$	Sb $5p^3$	Te $5p^4$	I $5p^5$	Xe $5p^6$

Richtig? $\quad\quad\quad\quad\quad\quad\quad\quad\quad\quad\quad\quad\quad$ | I 5 | $\longrightarrow$ oben

Fehler? $\downarrow$

| H 4 | Arbeiten Sie I 14 und I 15 im Lernprogramm »Atombau« noch einmal durch oder informieren Sie sich im Lehrbuch »Allgemeine Chemie« der Reihe »Bausteine der Chemie«, VEB Deutscher Verlag für Grundstoffindustrie, Leipzig.

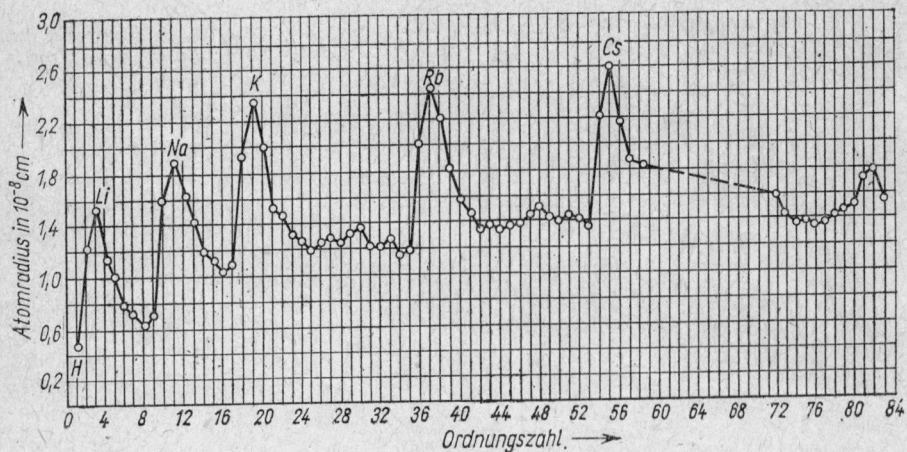

Bild 3. Atomradien

Betrachten Sie die grafische Darstellung und überlegen Sie:

1. Wie verändert sich der Atomradius innerhalb einer Hauptgruppe von oben nach unten, wie innerhalb einer Periode von links nach rechts?
2. Welche Elemente stehen an den Stellen, an denen die Kurve nur wenig ansteigt (geringe Änderung der Radien), und wo werden diese Elemente im PSE eingeordnet?

| A 5 | Der folgende Lückentext enthält die Antworten zu den Fragen 1 und 2 aus I 5. Ergänzen Sie die fehlenden Wörter!

Bei den Hauptgruppenelementen ändert sich der Atomradius wie folgt: Innerhalb einer Gruppe nimmt er von .... nach .... zu, innerhalb einer Periode von ...... nach .... bis zur VII. Hauptgruppe ab.

Bei den Elementen einer Nebengruppe sind die Unterschiede der Atomradien............

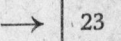

Lösung der Kontrollfragen zu Abschnitt 1.2.

1. Die Ordnungszahl stimmt numerisch mit der Kernladungszahl überein. Sie gibt gleichzeitig auch die Gesamtzahl der Elektronen eines neutralen Atoms an.

2. Die Massenzahl A ist die Summe der Nukleonen, d. h. der Protonen und Neutronen, im Atomkern.

3. Die Massenzahl A entspricht dem auf eine ganze Zahl gerundeten Massenwert, d. h. der auf eine ganze Zahl gerundeten relativen Atommasse eines bestimmten Nuklids.

4. Nummer der Hauptgruppe = Anzahl der Außenelektronen.

5. Nebengruppenelemente haben in der Regel zwei Außenelektronen. Neu hinzukommende Elektronen besetzen das vorletzte Energieniveau.

6. 8 Hauptgruppenelemente, weil maximal 8 Elektronen im äußeren Energieniveau möglich sind. 10 Nebengruppenelemente, weil bei diesen das vorletzte Niveau von 8 auf 18 Elektronen aufgefüllt wird.

7. Bei den Lanthanoiden (und Actinoiden) wird jeweils das drittletzte Energieniveau von 18 auf 32 Elektronen (32 − 18 = 14) aufgefüllt.

Drei oder mehr Antworten nicht oder fehlerhaft? → 15

Eine oder zwei fehlerhafte Antworten? Der folgende Schlüssel gibt Ihnen die Programmstellen, die Sie – einschließlich der Aufgaben – noch durcharbeiten müssen!

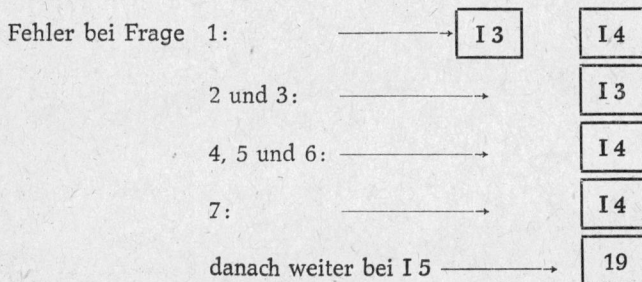

Fehler bei Frage 1:   → I 3   I 4

2 und 3:   →   I 3

4, 5 und 6:   →   I 4

7:      →   I 4

danach weiter bei I 5   →   19

1.3. Gesetzmäßigkeiten im Periodensystem

I 6 Das chemische Verhalten der Elemente, insbesondere bei der Verbindungsbildung, ist in hohem Maße dadurch bedingt, daß bestimmte, besonders stabile Energiezustände in der Elektronenhülle auftreten. Deshalb folgen aus dem Zusammenhang zwischen der Stellung eines Elementes im Periodensystem und dem Bau seiner Elektronenhülle auch gesetzmäßige Abhängigkeiten seines chemischen Verhaltens.
Ein wichtiges Kennzeichen eines Elementes ist seine Eigenschaft, positive bzw. negative Ionen zu bilden (elektropositiver bzw. elektronegativer Charakter).

> **Elektropositiv** sind Elemente, deren Atome bevorzugt Elektronen abgeben (Elektronendonatoren).
> **Elektronegativ** sind Elemente, deren Atome bevorzugt Elektronen aufnehmen (Elektronenakzeptoren).

Die Einschränkung »bevorzugt« in den obigen Sätzen weist darauf hin, daß diese Eigenschaft relativ ist: Viele Elemente reagieren, in Abhängigkeit vom Reaktionspartner, einmal als Elektronendonatoren und ein andermal als Elektronenakzeptoren.

A 6 Im untenstehenden Schema sind je zwei Elemente mit ihren Elektronenformeln angegeben, die typische Elektronendonatoren bzw. Elektronenakzeptoren sind.

a) Tragen Sie die Elektronenformeln nach Abgabe der Außenelektronen bzw. nach Auffüllung des äußeren Energieniveaus ein! Beachten Sie dabei, daß *Elektronenformeln* verlangt sind, die Außenelektronen also nur weggelassen werden dürfen, wenn das geladene Teilchen diese abgegeben hat.

b) Benennen Sie die neu entstandenen Teilchen (Namen für die jetzt elektrisch geladenen Atome)!

			a)	b)
Elektronen-donatoren	Natrium	Na ·		
	Magnesium	Mg|		
Elektronen-akzeptoren	Chlor	|Cl|		
	Schwefel	·S|		

→ 25 unten

Lösung	A 5

Innerhalb einer Gruppe nimmt er von *oben* nach *unten* zu, innerhalb einer Periode von *links* nach *rechts* bis zur VII. Hauptgruppe ab.
Bei den Elementen einer Nebengruppe sind die Unterschiede der Atomradien *gering* (klein).

→ 22

Richtig?

Fehler? ↓

H 5 Sie haben offensichtlich zu flüchtig und mit zu geringer Sorgfalt gearbeitet! Alle zur Lösung der Aufgabe notwendigen Informationen sind in I 5 enthalten. Gehen Sie also nochmals nach Seite 19 zurück, und wiederholen Sie diesen Teil!

I 7 Vielleicht ist Ihnen bereits bei der Lösung von A 6 klargeworden:

Elektropositive Elemente sind solche mit einer geringen Anzahl von Außenelektronen. Sie stehen im Periodensystem *vor allem in den Hauptgruppen I, II und III.* Die Neigung zur Elektronenabgabe ist dabei in der Gruppe I am größten und nimmt innerhalb jeder Periode nach rechts hin ab.

> **Elektropositive Elemente bilden positiv geladene Ionen, deren äußere Elektronenhülle die Besetzung des im Periodensystem vorhergehenden Edelgases aufweist.**

Elektronegative Elemente sind solche mit bereits fast völlig besetztem äußerem Energieniveau. Sie stehen im Periodensystem *vor allem in den Hauptgruppen VII, VI und V.* Die Neigung zur Elektronenaufnahme ist dabei in der Gruppe 7 am größten und nimmt innerhalb jeder Periode nach links hin ab.

> **Elektronegative Elemente bilden negativ geladene Ionen, deren äußere Elektronenhülle die Besetzung des im Periodensystem folgenden Edelgases aufweist.**

Wir haben bei der vorstehenden Aufzählung die Elemente der IV. Hauptgruppe nicht mit genannt. Sie bilden die »Mitte« und können sowohl als Elektronendonatoren (elektropositiv) als auch als Elektronenakzeptoren (elektronegativ) reagieren. In chemischen Verbindungen liegen diese Elemente meist nicht als Ionen vor, sondern gehen Atombindungen ein. Die Art der Reaktion hängt im Einzelfall vom Reaktionspartner ab. Grundsätzlich gilt das auch noch für die Elemente der III. und V. Hauptgruppe. So können z. B. Phosphor auch als elektropositives Element, Bor auch als elektronegatives Element reagieren.

Innerhalb einer Hauptgruppe ändert sich der elektropositive bzw. elektronegative Charakter ebenfalls gegenläufig, und zwar nimmt *von oben nach unten* die Neigung zur *Elektronenabgabe zu,* weil sich die Außenelektronen jeweils bereits in einem höheren, energiereicheren Niveau befinden (Hauptquantenzahl!). *Von unten nach oben* wird aus dem gleichen Grund die Neigung zur *Elektronenaufnahme größer.* Deshalb stehen im PSE, wenn man nur die Hauptgruppen betrachtet, rechts oben ausgeprägte elektronegative Elemente, links unten ausgeprägte elektropositive Elemente.

→ 25

A 7 Überlegen Sie, welches Element der in der Tabelle stehenden Paare bei einer Verbindungsbildung das elektropositive bzw. elektronegative Element ist! Tragen Sie die Symbole der Elemente unter (+) (elektropositives Element) und (−) (elektronegatives Element) ein!
(Schreibweise bei Formeln: elektropositiver Partner zuerst!)

Elementpaar	Symbole (+) (−)	Elementpaar	Symbole (+) (−)
Chlor Kalium	K Cl (Beispiel)	Stickstoff Wasserstoff	
Brom Aluminium		Stickstoff Sauerstoff	
Phosphor Chlor		Zinn Brom	
Aluminium Schwefel		Iod Calcium	
Selen Natrium		Natrium Schwefel	
Beryllium Stickstoff		Silicium Kohlenstoff	

→ 27

Lösung			A 6
Elektronendonatoren	Na^+	Natriumion	
	Mg^{2+}	Magnesiumion	
Elektronenakzeptoren	$\mid \overline{\underline{Cl}} \mid^-$	Chloridion	
	$\mid \overline{\underline{S}} \mid^{2-}$	Sulfidion	

Richtig? → 24

Fehler? → 26

| H 6 | Zu den Elektronenformeln:

Die Schreibweise wurde im Lernprogramm »Atombau« behandelt. Bei Abgabe eines oder zweier Elektronen werden ein oder zwei Protonenladungen des Atomkerns durch die Elektronenhülle nicht mehr kompensiert – positiv geladene Ionen. Schreibweise bei mehreren Ladungen z. B. entweder Mg^{++} oder Mg^{2+}. Die Valenzelektronen fehlen, deshalb nur noch Symbol mit Angabe der positiven Ladung.

Bei Aufnahme eines oder zweier Elektronen überwiegen die negativen Ladungen der Elektronenhülle – negativ geladene Ionen. Das nächste besetzte Energieniveau wird aufgefüllt, deshalb Elektronenformel mit vier Elektronenpaaren und Angabe der negativen Ladung.

Zur Benennung:

Die Namen der *positiven Ionen* werden durch Anfügen von -ion an den Elementnamen gebildet. Wenn Sie das bei den negativen Ionen genauso gemacht und Chlorion bzw. Schwefelion geschrieben haben, dann ist das an dieser Stelle kein sachlicher Fehler, aber nicht richtig im Sinne der international festgelegten Nomenklatur (Bezeichnungsweise). Die Namen *negativer Ionen* werden durch Zwischenschieben von »*id*« zwischen Elementbezeichnung und *-ion* gebildet, also Chlor*id*ion, Sulf*id*ion.

Diese Regeln gelten nicht für komplexe, zusammengesetzte Ionen.

→ 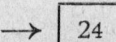 24

Lösung				A 7
Symbole (+) (−)		Symbole (+) (−)		
K	Cl	H	N	
Mg	P	N	O	
Al	Br	Sn	Br	
Al	S	Ca	I	
Na	Se	Na	S	
Be	N	Si	C	

Richtig? → 28

Fehler? ↓

H 7 Sie haben Elemente links (+) stehen, die nach rechts (−) gehören?

Sie müssen für jedes angegebene Elementpaar entscheiden, welcher der Partner am weitesten links bzw. bei Elementen der gleichen Gruppe am weitesten unten im Periodensystem steht. Dieser ist dann das elektropositive Element.

Weiter wie oben angegeben!

| I 8 | Der elektropositive bzw. elektronegative Charakter der Elemente ist für weitere wichtige Eigenschaften entscheidend, insbesondere die Einteilung in Metalle und Nichtmetalle:

> **Typische Metalle** sind solche Elemente, die bevorzugt positive Ionen bilden (Elektronendonatoren) und den elektrischen Strom ohne stoffliche Veränderung leiten.[1]) Positive Ionen heißen Kationen, Metalle sind also Kationenbildner.
> **Typische Nichtmetalle** sind solche Elemente, die bevorzugt negative Ionen bilden (Elektronenakzeptoren) und den elektrischen Strom nicht leiten.
> Negative Ionen heißen Anionen, Nichtmetalle sind also Anionenbildner.

Sie erkennen, daß sich der Metall- bzw. Nichtmetallcharakter und die Fähigkeit zur Kationen- bzw. Anionenbildung aus dem elektropositiven bzw. elektronegativen Charakter der Elemente und damit aus dem Bau der Elektronenhülle herleiten.

Neben typischen Metallen (Hauptgruppen links im PSE) und typischen Nichtmetallen (Hauptgruppen rechts im PSE) gibt es Elemente, deren Eigenschaften eine klare Zuordnung zu diesen beiden Gruppen nicht zulassen.

Die folgende Aufgabe stellt diese Zusammenhänge nochmals schematisch dar.

→ 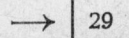 29

---

[1]) Die elektrische Leitfähigkeit hat ihre Ursache im Bau des Kristallgitters, aus dem sich auch andere wichtige Metalleigenschaften herleiten.

A 8 Den durch Elektronenformeln dargestellten Elementen der 2. und 3. Periode sind in den dick umrandeten unteren Feldern die folgenden Begriffe zuzuordnen. Auf diese Weise ist die Tabelle zu vervollständigen.

Begriffe:
Nichtmetalle, Elektronendonatoren, Metalle, elektropositiv, Elektronenakzeptoren, elektronegativ, Kationenbildner, Anionenbildner.

Periode	Hauptgruppe							
	I.	II.	III.	IV.	V.	VI.	VII.	VIII.
2.	Li·	Be|	B|	·C|	|N·	·O|	|F|	|Ne|
3.	Na·	Mg|	Al|	·Si|	|P·	·S|	|Cl|	|Ar|
				metallische und nichtmetallische Zustandsformen (nur in Ausnahmefällen Ionen)				

→ 32

I 9 Die Wertigkeit eines Elementes ergibt sich aus der Anzahl Außenelektronen, die das Atom zur Verbindungsbildung benutzt. Sie ist daher ebenfalls aus der Stellung des Elementes im Periodensystem herleitbar. Hier wird zunächst die stöchiometrische Wertigkeit definiert:

> **Die stöchiometrische Wertigkeit**
> eines Elementes gibt die Anzahl der Atome eines anderen, einwertigen Elementes an, die ein Atom binden kann – ohne Berücksichtigung der Bindungsart.

Damit kann man die Atommultiplikatoren ermitteln (Indices, z. B. Al_2O_3) und für Hauptgruppenelemente die Formeln von Verbindungen mit Hilfe des Periodensystems aufstellen.

H: einwertig O: zweiwertig	Hauptgruppe des PSE						
	I	II	III	IV	V	VI	VII
Wertigkeit gegenüber H	1 NaH	2 MgH_2	3 AlH_3	4 SiH_4	3 PH_3	2 SH_2	1 ClH
Höchstwertigkeit gegenüber O	1 Na_2O	2 MgO	3 Al_2O_3	4 SiO_2	5 P_2O_5	6 SO_3	7 Cl_2O_7

Die Wertigkeiten in den stark umrandeten Hauptgruppen können als im Normalfall auftretend angesehen werden. Die Wertigkeit gegenüber Wasserstoff gilt gleichzeitig auch für andere **elektropositive** Bindungspartner, also vorwiegend für Metalle, die Wertigkeit gegenüber Sauerstoff für Verbindungen mit anderen **elektronegativen** Elementen, also vorwiegend für Nichtmetalle (mit Ausnahme des Wasserstoffs). Die Wasserstoffverbindungen in den Gruppen I bis III sind wenig stabil, bilden sich also nicht ohne weiteres. In Verbindungen mit Sauerstoff besitzen die Elemente der V. bis VII. Gruppe häufig niedrigere Wertigkeiten.

Eine Unterscheidung zwischen der Wertigkeit gegenüber Wasserstoff und Sauerstoff ist notwendig wegen der unterschiedlichen Bindungsarten (Atombindung, Ionenbindung). Weitere Einzelheiten darüber und über die speziellen Wertigkeitsbegriffe müssen im Zusammenhang mit der chemischen Bindung erläutert werden.

→ 31

A 9 Ermitteln Sie unter Benutzung des Schemas von S. 30 für die in der Tabelle angegebenen Elementpaare die Wertigkeit und die Bruttoformel!

Element-paar	Wertigkeit	Formel	Element-paar	Wertigkeit	Formel
K Cl			H N		
Mg P			Si O		
Al Br			Sn Br		
Al S			Ca I		
Na Se			S Na		
Be N			Si C		

Wenn Sie die Aufgabe nicht lösen können, weil Sie Schwierigkeiten bei der Aufstellung der Formeln haben, dann lesen Sie Z 9, andernfalls

$\longrightarrow$ **33**

Z 9 Eine Bruttoformel (= Summenformel, aus der Art und Anzahl der miteinander verbundenen Atome ablesbar sind) ist dann richtig, wenn die Wertigkeiten (Valenzen) aller Bindungspartner gegenseitig abgesättigt sind. Für den einfachen Fall binärer, aus zwei Elementen bestehender Verbindungen heißt das,

> daß für beide Elemente der binären Verbindung das Produkt aus Wertigkeit und Atommultiplikator den gleichen Betrag, und zwar als kleinstmögliche Zahl, haben muß.

Beispiel: Element A dreiwertig,
Beispiel: Element B fünfwertig

Die Atommultiplikatoren für A und B ergeben sich durch Division des kleinsten gemeinsamen Vielfachen (KGV) von 3 und 5 mit der Wertigkeit, also hierfür KGV = 15.

Atommultiplikator A: $\dfrac{15}{3} = 5$

Atommultiplikator B: $\dfrac{15}{5} = 3$

Formel: A_5B_3

Lösung   A 8

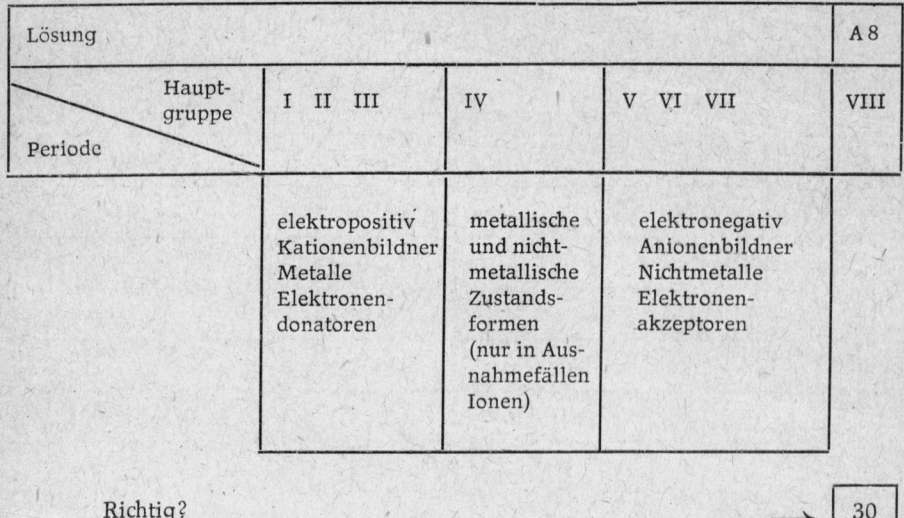

Richtig? → 30

Fehler? ↓

H 8 Wir wiederholen für Sie nochmals in gedrängtester Form den Inhalt von I 6 bis I 8:

Atome der Elemente der linken Seite des Periodensystems geben ihre Elektronen leicht ab. Dadurch entstehen positive Ionen. Die Bildung positiver Ionen ist ein charakteristisches Merkmal der Metalle.
Auf der rechten Seite des Periodensystems stehen die Elemente, deren Atome Elektronen aufnehmen und damit negative Ionen bilden. Sie sind Nichtmetalle.

Weiter wie oben angegeben.

Lösung						A 9
Elementpaar	Wertigkeit	Formel	Elementpaar	Wertigkeit	Formel
K Cl	I I	KCl	H N	I III	H_3N (NH_3)
Mg P	II III	Mg_3P_2	Si O	IV II	SiO_2
Al Br	III I	$AlBr_3$	Sn Br	IV I	$SnBr_4$
Al S	III II	Al_2S_3	Ca I	II I	CaI_2
Na Se	I II	Na_2Se	S Na	II I	Na_2S
Be N	II III	Be_3N_2	Si C	IV IV	SiC

Richtig? → |35|

Falsch?

|H 9| **Zur Wertigkeit:**

Sehen Sie sich die folgenden ausführlichen Beispiele nochmals genau an!

Blei Pb, IV. Hauptgruppe, vierwertig gegenüber Wasserstoff und Sauerstoff; also PbH_4 (H_4Pb), PbO_2

Magnesium Mg, II. Hauptgruppe, zweiwertig gegenüber Wasserstoff und Sauerstoff; also MgH_2 (H_2Mg), MgO

Schwefel S, VI. Hauptgruppe, zweiwertig gegenüber Wasserstoff und anderen positiven Bindungspartnern; also H_2S, Na_2S, K_2S, MgS, CaS usw.

|34|

Zur Ermittlung der Formel:

Wenn Sie Z 9 auf Seite 31 noch nicht durchgearbeitet haben, dann holen Sie das jetzt nach! Zusätzlich geben wir Ihnen noch ein Beispiel:

Welche Bruttoformel hat die Verbindung von Strontium und Arsen?

Lösung: Strontium Sr, II. Hauptgruppe, zweiwertig.
Arsen As, V. Hauptgruppe, dreiwertig gegenüber positiven Bindungspartnern.
Wertigkeiten: 2 bzw. 3, KGV = 6

$$\text{Atommultiplikator Sr}: \frac{6}{2} = 3$$

$$\text{Atommultiplikator As}: \frac{6}{3} = 2$$

Formel: Sr_3As_2

Beachten Sie!

Verbindungen verschiedener Elemente, von denen jeweils die positiven und negativen Bindungspartner in der gleichen Hauptgruppe stehen, haben die gleiche Bruttoformel, weil sie gleiche Wertigkeiten haben, z. B.

H_2O $MgCl_2$
Na_2O $MgBr_2$
K_2S $CaBr_2$
Na_2S CaI_2

→ 35

Lösung		A 10
a)	Nebengruppe	
b)	VI b	
c)	6 d	
d)	W, Mo, Cr	
e)	6	
f)	Metall	

→ 39

I 10

Nachdem Sie nun die für Hauptgruppenelemente gültigen Gesetzmäßigkeiten verstehen, wollen wir sehen, welcher Nutzen sich für das Verständnis der Nebengruppenelemente durch analoge Überlegungen gewinnen läßt.

Bitte erinnern Sie sich, und verfolgen Sie (PSE)!

$_{21}$Sc bis $_{30}$Zn: Einbau von 10 Elektronen 3d ⎫ vorletztes
$_{39}$Y bis $_{48}$Cd: Einbau von 10 Elektronen 4d ⎬ Energie-
$_{57}$La, $_{72}$Hf bis $_{80}$Hg: Einbau von 10 Elektronen 5d ⎭ niveau

Lanthanoide

$_{58}$Ce bis $_{71}$Lu: Einbau von 14 Elektronen 4f ⎫ drittletztes
Actinoide ⎬ Energie-
$_{90}$Th bis $_{103}$Lr: Einbau von 14 Elektronen 5f ⎭ niveau

1. Alle obenstehenden Elemente haben – von geringfügigen Abweichungen abgesehen, die uns nicht interessieren – 2 *Außenelektronen*, folglich:

   Leichte Elektronenabgabe (vgl. Elemente der II. Hauptgruppe). Bildung 2fach positiv geladener Ionen möglich. Metallcharakter – alle Elemente der Nebengruppen sind Metalle.

2. Die *unterschiedliche* Elektronenbesetzung des vorletzten – bzw. drittletzten – Energieniveaus ist auf das chemische Verhalten von geringerem Einfluß als die *gleichartige* Besetzung des äußeren Niveaus, folglich:

   Innerhalb der Periode kein Übergang von Metallen zu Nichtmetallen wie bei den Hauptgruppenelementen, sondern die Ähnlichkeiten nebeneinanderstehender Elemente sind oft stark ausgeprägt.

   Beispiel: 8. Nebengruppe. Fe, Co, Ni usw. sind in einer Gruppe zusammen angeordnet.

   Aus dem gleichen Grunde sind die Elemente der Lanthanoiden- und Actinoidengruppe einander so ähnlich, daß die Trennung und Reindarstellung mit sehr großen Schwierigkeiten verbunden sind.

3. Die d-Elektronen können, weil nur ein relativ geringer Energieunterschied zwischen z. B. dem 5s- und 4d-Niveau besteht, wie die Außenelektronen bei der Verbindungsbildung wirksam werden, folglich:

→ 36

> Stark wechselnde Wertigkeiten, abhängig vom Bindungspartner. Aber
> – wegen maximal 8 Elektronen im Höchstniveau – höchste Wertigkeitsstufe 8, und Höchstwertigkeit ist in der Regel mit der Gruppennummer (der Nebengruppe) identisch.

Beispiel: Mangan Mn: $1s^2\ 2s^2\ 2p^6\ 3s^2\ 3p^6\ 4s^2\ 3d^5$
7. Nebengruppe, max. 7wertig ($s^2 d^5$)

Verbindungen			Wertigkeit
MnS	Mangan(II)-sulfid	fleischfarbig	2
Mn_2O_3	Mangan(III)-oxid	braun	3
MnO_2	Mangan(IV)-oxid (Braunstein)	braun	4
Na_2MnO_4	Natriummanganat (V)	blau	5
Na_3MnO_4	Natriummanganat (VI)	grün	6
$KMnO_4$	Kaliumpermanganat (VII)	violett	7

Abschließend noch ein Merkmal der Nebengruppenelemente: Ihre Ionen sind – zum Unterschied von denen der Hauptgruppenelemente – oft charakteristisch gefärbt
(Cu^{2+}-Salze blaugrün, Fe^{3}-Salze rotbraun!)

A 10 Sie sollen jetzt aus den Gesetzmäßigkeiten des PSE einige Aussagen über das Element 106 herleiten! Bestimmen Sie zunächst den Platz des Elementes durch Weiterzählen. Tragen Sie die entsprechenden Angaben in die Tabelle ein!

	Z = 106
a) Haupt- oder Nebengruppe?	
b) Welche Gruppe?	
c) Welches Energieniveau wird besetzt? (Elektronenbezeichnung, z. B. 4 d, 5 f usw.)	
d) Mit welchen Elementen besteht chemische Ähnlichkeit?	
e) Höchstwertigkeit?	
f) Metall oder Nichtmetall?	

→ 34 unten

I 11   Zum Schluß noch einige interessante historische und philosophische Überlegungen.

Wie Ihnen schon bekannt ist (I 1), wurde das Periodensystem von *Mendelejew* und *Meyer* gleichzeitig und unabhängig voneinander aufgestellt. In der Geschichte der Wissenschaften, auch in der Chemie, gibt es eine Vielzahl von Beispielen für solche von verschiedenen Forschern gleichzeitig gemachten Entdeckungen und Erfindungen. Das kann man nicht allein dem Zufall zuschreiben. Meist ist es so, daß ein Problem herangereift und die Lösung von der Entwicklung der Wissenschaft her notwendig und möglich geworden ist. In unserem Falle mußte z. B. eben erst eine genügende Anzahl von Elementen gefunden sein, bevor man die inneren Gesetzmäßigkeiten ihrer Anordnung erkennen konnte. Auch das gesellschaftliche Bedürfnis für die weitere Entwicklung der Chemie mußte vorhanden sein.

Es gibt also, und das ist eine wichtige Erkenntnis des dialektischen Materialismus, eine wechselseitige Bedingtheit von Notwendigkeit und Zufall. Man darf die Rolle des Zufalls in der Entwicklung der Wissenschaft nicht überschätzen. Auch die großen Forscherpersönlichkeiten können nur im Rahmen des gesellschaftlich Notwendigen und vom Erkenntnisstand her Möglichen schöpferisch wirksam werden.

Das nun schon seit über 100 Jahren bekannte Periodensystem der Elemente ist eines der wichtigsten Arbeitsmittel des Chemikers, weil sich in ihm grundlegende Naturgesetze widerspiegeln. Es ermöglicht, wie Sie selbst gesehen haben (A 10), Analogieschlüsse über Eigenschaften und Verhalten der Elemente. Darin vor allem bestand die besondere Leistung *Mendelejews*, der als erster aus den Eigenschaften der Nachbarelemente die des damals noch unbekannten Germaniums und einiger anderer Elemente vorherbestimmte.

→   **38**

Das PSE ist nicht abgeschlossen. Es wird vor allem in der UdSSR und den USA an der Synthese neuer Elemente gearbeitet. Die bisher künstlich geschaffenen Elemente sind aber alle radioaktiv, ihre Kerne zerfallen spontan in z. T. sehr kurzer Zeit. Das gilt nicht grundsätzlich. So erwartet man z. B. für das Element 114 (rel. Atommasse 298!), daß es, als Verwandter des Bleis, stabil ist.

Mit diesem Ausblick, der auch in der modifizierten Darstellung des Periodensystems auf Seite 40 schon seinen Niederschlag gefunden hat, wollen wir abschließen.

A 11   Fertigen Sie jetzt – ohne im Lernprogramm nachzuschlagen – auf einem gesonderten Blatt eine Zusammenfassung der bisher behandelten Zusammenhänge und Gesetzmäßigkeiten an!

Die Zusammenfassung sollte Antworten auf folgende Fragen enthalten:

1. Welches ist das Ordnungsprinzip, das dem Periodensystem zugrunde liegt?
2. Was versteht man unter elektropositivem bzw. elektronegativem Charakter, unter Metall- bzw. Nichtmetallcharakter?
3. Wie ändern sich für die Hauptgruppenelemente in Abhängigkeit von ihrer Stellung im Periodensystem ihre Eigenschaften? (Atomradius, elektronegativer Charakter, Metall- und Nichtmetallcharakter)
4. Welcher Zusammenhang besteht zwischen Gruppennummer und stöchiometrischer Wertigkeit gegenüber Wasserstoff und Sauerstoff?
5. Welche Gruppeneigenschaften kennzeichnen die Nebengruppenelemente?

Vergleichen Sie nun im Anhang Ihre Notizen mit der dort gegebenen Zusammenfassung!

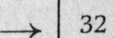

Sachwörterverzeichnis

Actinoide 10, 16, 35
Anionenbildner 22
Atommasse, relative 8, 9, 15
Atommultiplikator 31, 34
Atomradius 19, 20
Außenelektronen 16

Bruttoformel 31, 34

Elektronen
-akzeptor 22, 28, 32
–, Besetzung bei Nebengruppenelementen 36
-donator 22, 28, 32
–, Einbaureihenfolge 16
-formel 22, 26
elektronegative Elemente 22, 24, 29
elektropositive Elemente 22, 24, 29
Energieniveau 16

Ionen, Benennung 26
–, negative 22, 28, 32
–, positive 22, 28, 32

Kationenbildner 22
Kernladungszahl 8

Langperiodendarstellung 10
Lanthanoide 10, 16, 35

Massenwert 15
Massenzahl 15
Mendelejew 8, 37
Metallcharakter 28

Nebengruppenelemente
–, Anordnung im PSE 10
–, Gesetzmäßigkeiten 35
–, Wertigkeit 36
Nichtmetallcharakter 28

Valenzelektronen 16

Wertigkeit gegenüber Sauerstoff 30, 34
–, gegenüber Wasserstoff 30, 34
–, stöchiometrische 30, 31

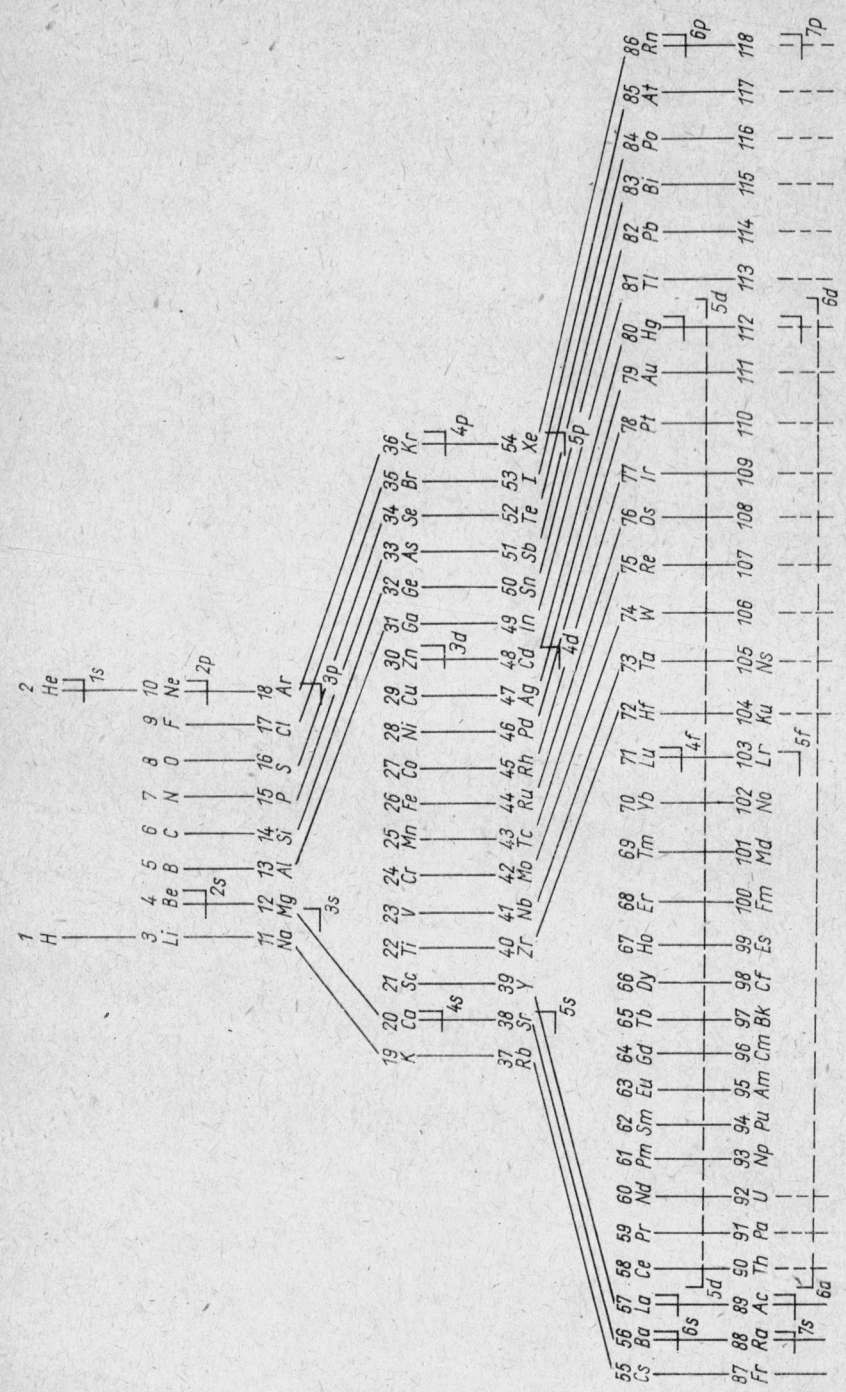

Anhang

Sie finden hier die Zusammenfassung des Inhaltes der Hauptteile des Programmes und eine schematische Darstellung des Lernweges. Der Inhalt der Zusammenfassung sollte sinngemäß auch Bestandteil Ihrer Nachschrift sein (evtl. hier heraustrennen). Das Lernwegschema dient der leichteren nachträglichen Orientierung und dem Auffinden bestimmter Programmstellen.

Das Aufbauprinzip des PSE (Abschnitt 1.1.)

Das Periodensystem wurde 1869 von *D. I. Mendelejew* und *L. Meyer* unabhängig voneinander aufgestellt. Ordnendes Prinzip ist das Periodengesetz, demzufolge die Elemente bei Ordnung nach steigender Kernladungszahl eine deutliche Periodizität ihrer Eigenschaften zeigen. Die waagerechten Zeilen heißen Perioden, die senkrechten Spalten Gruppen. Es gibt 8 Hauptgruppen. Die Nebengruppenelemente sind, mit der 4. Periode beginnend, jeweils als geschlossener Block von 10 Elementen zwischen die II. und III. Hauptgruppe eingeschoben. In der 6. und 7. Periode ist die Gruppe der jeweils 14 Lanthanoide und Actinoide als Block zwischen die Nebengruppenelemente 3 b und 4 b eingeschoben.

Periodensystem und Atombau (Abschnitt 1.2.)

Das Periodensystem spiegelt den Atombau auf folgende Weise weitgehend wider: Die Ordnungszahl ist mit der Kernladungszahl identisch und damit auch mit der Gesamtzahl der Elektronen im neutralen Atom. Bei Reinelementen ist die ganzzahlig gerundete relative Atommasse gleich der Massenzahl.
Die Nummer der Hauptgruppe ist gleich der Anzahl der Außenelektronen. Es gibt 8 Hauptgruppen, weil maximal 8 Elektronen im äußeren Energieniveau möglich sind (Valenzelektronen). Die Nebengruppenelemente (und die Lanthanoide und Actinoide) haben in der Regel 2 Außenelektronen. Bei den 10 Nebengruppenelementen, die in der gleichen Periode stehen, wird jeweils das vorletzte Energieniveau von 8 auf 18 Elektronen aufgefüllt, bei den 14 Elementen der Lanthanoide und Actinoide das drittletzte Energieniveau von 18 auf 32 Elektronen.

Gesetzmäßigkeiten im PSE (Abschnitt 1.3., Lösung A 11)

Im Periodensystem sind die Elemente nach steigender Kernladung geordnet. Dadurch nimmt die Anzahl der Protonen und Elektronen innerhalb jeder Periode bei den aufeinanderfolgenden Elementen jeweils um eins zu. Es wird jeweils ein Hauptenergieniveau der Atomhülle mit Elektronen besetzt.

Die Elemente der Hauptgruppen I bis III besitzen wenige Außenelektronen und geben diese unter Bildung positiver Ionen leicht ab. Sie sind elektropositive Elemente. Die Elemente der Hauptgruppen V bis VII besitzen relativ viele Außenelektronen und nehmen leicht weitere Elektronen unter Bildung negativer Ionen auf. Sie sind elektronegative Elemente. Ausgeprägter elektropositiver Charakter ist für Metalle kennzeichnend, ausgeprägter elektronegativer Charakter der Elemente ist kennzeichnend für Nichtmetalle.

Die stöchiometrische Wertigkeit der Hauptgruppenelemente ist gegenüber Sauerstoff und anderen elektronegativen Bindungspartnern mit der Gruppennummer identisch. Gegenüber Wasserstoff und anderen elektropositiven Bindungspartnern gilt das nur für die Elemente der Hauptgruppen I bis IV. Für die Elemente der Hauptgruppen V bis VII ist sie gleich der Differenz zwischen 8 und der Gruppennummer.

Die Nebengruppenelemente sind – wegen ihrer 2 Außenelektronen, die sie leicht abgeben können – insgesamt Metalle. Sie sind einander oft auch innerhalb der Periode sehr ähnlich (Lanthanoide, Actinoide). Ihre Wertigkeit kann stark wechseln, weil auch die Elektronen der vorletzten Schale als Valenzelektronen betätigt werden können. Die Höchstwertigkeit ist mit der Gruppennummer identisch.

Ihre – hoffentlich! selbständig formulierte – Zusammenfassung kann natürlich mit diesen Antworten nicht wörtlich übereinstimmen. Es kommt nicht so sehr auf weitgehende Ähnlichkeit der Formulierungen an, sondern darauf, daß Sie beim Vergleichen die Überzeugung gewinnen, diese Zusammenhänge richtig verstanden zu haben. Ist das nicht der Fall, arbeiten Sie die entsprechenden Programmabschnitte nochmals durch!

ENDE DES LERNPROGRAMMS!

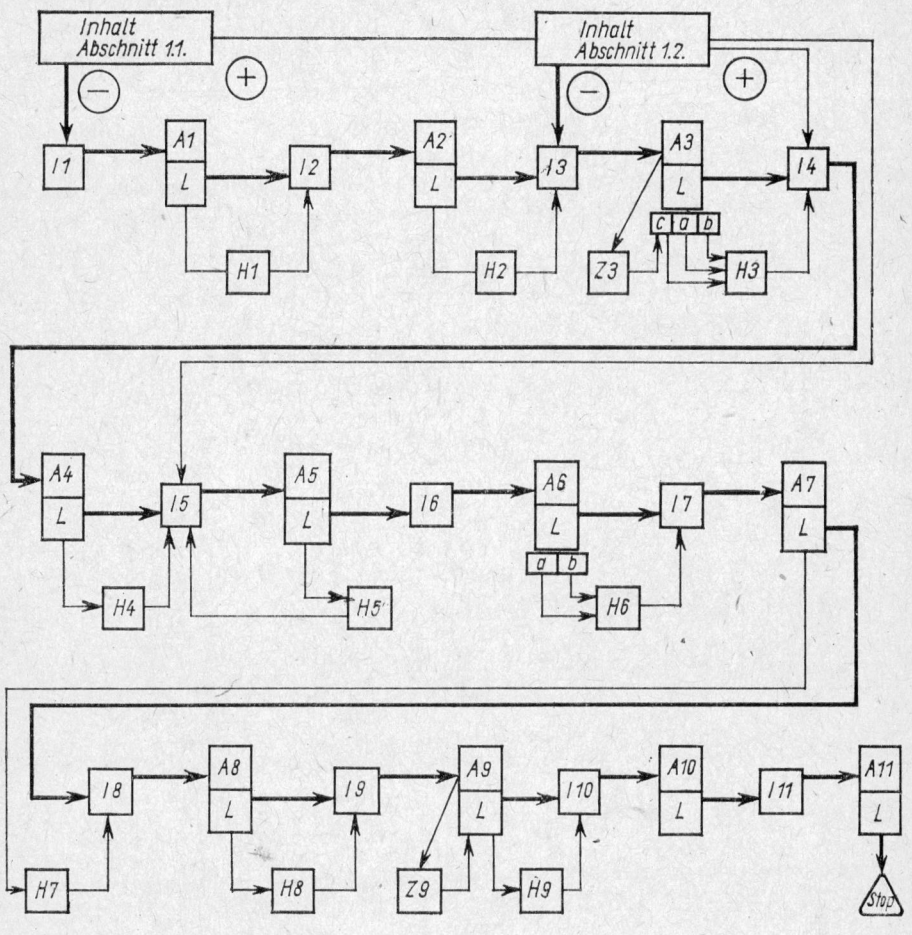

Periodensystem der Elemente (langperiodische Darstellung, relative Atommassen gerundet, nach IUPAC 1980)

Gruppe → / Periode ↓	Ia	IIa	IIIb	IVb	Vb	VIb	VIIb	VIII	VIII	VIII	Ib	IIb	IIIa	IVa	Va	VIa	VIIa	VIIIa
1 — 1s	1 H Wasserstoff 1,008																	2 He Helium 4,00
2 — 2s 2p	3 Li Lithium 6,94	4 Be Beryllium 9,01											5 B Bor 10,81	6 C Kohlenstoff 12,01	7 N Stickstoff 14,01	8 O Sauerstoff 16,0	9 F Fluor 19,0	10 Ne Neon 20,18
3 — 3s 3p	11 Na Natrium 22,99	12 Mg Magnesium 24,31											13 Al Aluminium 26,98	14 Si Silicium 28,09	15 P Phosphor 30,97	16 S Schwefel 32,06	17 Cl Chlor 35,45	18 Ar Argon 39,95
4 — 4s 3d 4p	19 K Kalium 39,10	20 Ca Calcium 40,08	21 Sc Scandium 44,96	22 Ti Titanium 47,88	23 V Vanadium 50,94	24 Cr Chromium 52,00	25 Mn Mangan 54,94	26 Fe Eisen 55,85	27 Co Cobalt 58,93	28 Ni Nickel 58,70	29 Cu Kupfer 63,55	30 Zn Zink 65,38	31 Ga Gallium 69,72	32 Ge Germanium 72,59	33 As Arsen 74,92	34 Se Selen 78,96	35 Br Brom 79,90	36 Kr Krypton 83,80
5 — 5s 4d 5p	37 Rb Rubidium 85,47	38 Sr Strontium 87,62	39 Y Yttrium 88,91	40 Zr Zirconium 91,22	41 Nb Niobium 92,91	42 Mo Molybdän 95,94	43 Tc Technetium (98)	44 Ru Ruthenium 101,07	45 Rh Rhodium 102,91	46 Pd Palladium 106,42	47 Ag Silber 107,87	48 Cd Cadmium 112,41	49 In Indium 114,82	50 Sn Zinn 118,69	51 Sb Antimon 121,75	52 Te Tellur 127,60	53 I Iod 126,90	54 Xe Xenon 131,29
6 — 6s (4f) 5d 6p	55 Cs Caesium 132,90	56 Ba Barium 137,33	57 La Lanthan. 138,91	72 Hf Hafnium 178,49	73 Ta Tantal 180,95	74 W Wolfram 183,85	75 Re Rhenium 186,21	76 Os Osmium 190,2	77 Ir Iridium 192,22	78 Pt Platin 195,08	79 Au Gold 196,97	80 Hg Quecksilber 200,59	81 Tl Thallium 204,38	82 Pb Blei 207,2	83 Bi Bismut 208,98	84 Po Polonium (209)	85 At Astatin (210)	86 Rn Radon (222)
7 — 7s (5f) 6d	87 Fr Francium (223)	88 Ra Radium 226,03	89 Ac Actinium 227,03	104 (Unq) (261)	105 (Unp) (262)													

Lanthanoide: 4f

58 Ce Cerium 140,12	59 Pr Praseodym. 140,91	60 Nd Neodym. 144,24	61 Pm Promethium (145)	62 Sm Samarium 150,36	63 Eu Europium 151,96	64 Gd Gadolinium 157,25	65 Tb Terbium 158,93	66 Dy Dysprosium 162,50	67 Ho Holmium 164,93	68 Er Erbium 167,26	69 Tm Thulium 168,93	70 Yb Ytterbium 173,04	71 Lu Lutetium 174,97

Actinoide: 5f

90 Th Thorium 232,04	91 Pa Protactin. 231,04	92 U Uranium 238,03	93 Np Neptunium 237,05	94 Pu Plutonium (244)	95 Am Americium (243)	96 Cm Curium (247)	97 Bk Berkelium (247)	98 Cf Californ. (251)	99 Es Einstein. (252)	100 Fm Fermium (257)	101 Md Mendelev. (258)	102 No Nobelium (254)	103 Lr Lawrenc. (260)